R. Dhamotharan

Horticultura na Índia: um estudo das tendências de 1990 a 2010

R. Dhamotharan

Horticultura na Índia: um estudo das tendências de 1990 a 2010

Imprint

Any brand names and product names mentioned in this book are subject to trademark, brand or patent protection and are trademarks or registered trademarks of their respective holders. The use of brand names, product names, common names, trade names, product descriptions etc. even without a particular marking in this work is in no way to be construed to mean that such names may be regarded as unrestricted in respect of trademark and brand protection legislation and could thus be used by anyone.

Cover image: www.ingimage.com

This book is a translation from the original published under ISBN 978-620-2-01687-2.

Publisher:
Sciencia Scripts
is a trademark of
Dodo Books Indian Ocean Ltd. and OmniScriptum S.R.L publishing group

120 High Road, East Finchley, London, N2 9ED, United Kingdom
Str. Armeneasca 28/1, office 1, Chisinau MD-2012, Republic of Moldova, Europe
Printed at: see last page
ISBN: 978-620-7-62502-4

ÍNDICE

ACKONWLEDGEMENT

Em primeiro lugar, devo expressar a minha gratidão ao meu orientador e supervisor, **Dr. K. Manikandan, M.A., Ph.D.,** Professor Assistente, Departamento de Economia, Gandhigram Rural Institute - Deemed University, Gandhigram, pela sua valiosa orientação e supervisão, que foram fundamentais para moldar este trabalho de dissertação, desde a seleção do tema até às fases da sua conclusão.

Agradeço ao Dr. S. Ramachandran, M.A., Ph.D., professor e Diretor do Departamento de Economia, GRI, Gandhigram, pelo seu contínuo encorajamento e apoio.

Gostaria também de registar os meus sinceros agradecimentos ao Dr. S. Ramasamy, Professor, Departamento de Economia, GRI, Gandhigram, por me ter dado orientações valiosas relacionadas com o meu tema e pela sua motivação, encorajamento e apoio para a conclusão do meu trabalho de dissertação.

Estou em dívida para com os meus valiosos professores, Dr. S. Nehru, Professor Associado, Departamento de Economia, GRI, Gandhigram e outros membros do pessoal, pelo seu constante encorajamento e motivação nas minhas actividades académicas.

Gostaria de deixar registado o meu profundo sentimento de gratidão ao Dr. K. Sundaram, Professor Assistente, ao Dr. M. Sabesh Manikandan, Professor Assistente, e ao Sr. J. Prem kumar, Professor, todos do Departamento de Economia, Ayya Nadar Janaki Ammal College, Sivakasi, pela sua ajuda e orientação na minha carreira.

Agradeço sinceramente à Sra. S. Suganthi, bolseira de investigação do Departamento de Economia, GRI, que me ajudou a aceder a materiais valiosos e me encorajou e apoiou continuamente na preparação de projectos durante o trabalho de dissertação. Estendo também os meus sinceros agradecimentos a todos os bolseiros de investigação do Departamento de Economia, GRI, pelo seu apoio moral.

Gostaria de agradecer ao meu irmão, Sr. Sugumar, e ao meu tio, A.P. Shanmugam, GRI, pelo seu apoio e ajuda durante o meu percurso académico.

Finalmente, devo os meus mais profundos agradecimentos à minha mãe, Sra. R. Rohini, e ao meu pai, Sr. R. Rajendran, e às minhas irmãs, especialmente à Sra. M.S. Dhanalakshmi, que sempre me apoiaram e me deram o seu apoio moral e amor. Não há palavras para exprimir a gratidão que lhes devo.

R. DHAMOTHARAN

CAPÍTULO 1

CONCEPÇÃO DO ESTUDO

1.1 DECLARAÇÃO DO PROBLEMA

D iversificação da agricultura é considerada uma das principais decisões económicas que têm uma forte influência no bem-estar dos agricultores em termos de nível de rendimento e variabilidade dos rendimentos. Não só ajuda os agricultores a aumentar os seus rendimentos, como também reduz os riscos. Na Índia, a diversificação da agricultura é efectuada de várias formas. A horticultura é uma dessas formas de diversificação, que ganhou importância comercial nos últimos anos. Atualmente, é uma componente importante da agricultura. A procura de produtos hortícolas também está a aumentar. Tendo em conta o que precede, o governo da Índia tem vindo a desenvolver vários esforços e iniciativas para desenvolver as culturas hortícolas. Estão a ser empreendidas iniciativas de investigação e desenvolvimento e iniciativas de desenvolvimento da comercialização, incluindo assistência às exportações. Neste contexto, seria útil analisar as tendências em matéria de superfície, produção e produtividade da horticultura na Índia. Esse estudo ajudaria a compreender as tendências actuais e as tendências prováveis da horticultura na Índia.

1.2 TÍTULO DO ESTUDO

"Horticultura na Índia: Um estudo das tendências em termos de área, produção e exportações"

1.3 OBJECTIVOS

❖ Analisar as tendências da área e da produção de culturas hortícolas na Índia

❖ Compreender a quota dos Estados da Índia na área e na produção de culturas hortícolas.

❖ Examinar as tendências da exportação de produtos hortícolas da Índia.

1.4 DADOS E METODOLOGIA

Para atingir os objectivos, o estudo recorre a dados secundários. Os dados foram recolhidos de vários relatórios da base de dados sobre horticultura publicados pelo National Horticulture Board, Ministério da Agricultura, Governo da Índia, relatórios publicados pela Direção de Economia e Estatística e pela Direção-Geral de Informação Comercial e Estatística. Foram igualmente recolhidos dados de publicações da Economic & Political Weekly Research Foundation.

Os dados utilizados para a análise são dados anuais para o período de 1991-92 a 2009-10. São utilizados os dados relativos à superfície, à produção, à produtividade e às exportações de produtos hortícolas da Índia. Também foram utilizados na análise dados sobre a área, a produção e a produtividade de culturas seleccionadas. Para compreender a parte dos Estados, foram utilizados dados relativos a cada Estado da Índia num determinado momento (ano recente).

Os instrumentos estatísticos, como a taxa de crescimento anual, as taxas médias de crescimento anual e a percentagem, são utilizados para descrever as tendências das variáveis em estudo. Os dados (incluindo os calculados) são tabulados e é efectuada uma análise tabular.

1.5 ÂMBITO DO ESTUDO

T estudo abrange a área, a produção e a produtividade da horticultura na Índia durante o período selecionado para o estudo. Os resultados ajudarão a compreender as tendências e a definir as acções futuras no que respeita ao desenvolvimento da horticultura na Índia.

1.6 CAPITULAÇÃO

O capítulo I descreve o estudo, apresentando a sua conceção. O Capítulo II apresenta uma panorâmica da horticultura, nomeadamente na Índia. O capítulo III apresenta a revisão da literatura relevante para o estudo. A análise e a discussão com base nos dados são efectuadas no capítulo IV. O capítulo V apresenta os principais resultados do estudo e as conclusões.

CAPÍTULO 2

HORTICULTURA: UMA VISÃO GERAL

2.1 DIVERSIFICAÇÃO DA AGRICULTURA

A decisão de diversificação por parte de um agricultor é considerada uma das principais decisões económicas que têm uma forte influência no seu bem-estar em termos de nível de rendimento e de variabilidade dos rendimentos (Heady, 1952; Johnson e Brester, 2001; Pope e Prescott, 1980). Em geral, um rendimento regular elevado com menor variabilidade é considerado um fator de aumento do bem-estar. É importante compreender o processo de tomada de decisões dos agricultores num contexto de fraco crescimento, devido a baixos rendimentos ou a uma elevada variabilidade dos rendimentos, sobretudo quando a política procura compreender os factores que afectam as culturas de elevado valor, como as culturas hortícolas, e a mudança para essas culturas, em caso de estagnação dos rendimentos dos cereais alimentares, de fraco crescimento agrícola e de maior preocupação com o bem-estar dos agricultores em termos de rendimentos baixos e variáveis (Joshi, 2005; Chand, 2006; Evenson et al. 1999). A diversificação das culturas é um dos subconjuntos de uma matriz mais vasta de alternativas de produção no sector das culturas. De um ponto de vista económico, a diversificação é tratada de duas perspectivas analíticas: como um problema de determinação, dados os preços, da combinação óptima de culturas numa fronteira de possibilidade de produção; e, em segundo lugar, como um mecanismo para incorporar a aversão ao risco no processo de tomada de decisões de um agricultor, em que a especialização de culturas pode levar a rendimentos altamente instáveis devido à variação do rendimento, da produção ou do preço de uma determinada cultura (Banco Mundial, 1988). De uma forma geral, a diversificação é vista como tendo duas propriedades principais: expande o conjunto de possibilidades de produção ou a fronteira de afetação de áreas, aumentando assim as oportunidades de geração de rendimentos e de criação de emprego. Também reduz o risco de ter todos os ovos num cesto com algumas culturas com um risco de covariância potencialmente elevado (Samuelson, 1967).

2.2 HORTICULTURA NA ÍNDIA

A horticultura é uma forma de diversificação. As culturas hortícolas têm sido designadas por "culturas hortícolas". Esta classificação abrange as culturas de qualquer um dos domínios da horticultura, como a olericultura ou produção de culturas hortícolas, a pomologia ou produção de culturas frutícolas e a horticultura ornamental (floricultura e horticultura paisagística), bem como as especiarias e as plantas medicinais. A horticultura significa literalmente cultura de jardim ou cultura de culturas de jardim. O sector da horticultura engloba uma vasta gama de culturas, por exemplo, culturas frutícolas, culturas hortícolas, culturas de batata e tubérculos, culturas ornamentais, culturas medicinais e aromáticas, especiarias e culturas de plantações.

É amplamente reconhecida a importância da horticultura no aumento da produtividade da terra e na criação de amplas oportunidades para sustentar um grande número de agro-indústrias que geram oportunidades substanciais de emprego, melhorando as condições económicas dos agricultores e empresários, aumentando as exportações e proporcionando segurança nutricional à população. Os produtos hortícolas são geralmente utilizados com um elevado teor de humidade e são, por conseguinte, altamente perecíveis. Estas culturas podem ser definidas como "plantas cultivadas intensivamente e diretamente utilizadas pelo homem para fins alimentares, medicinais ou estéticos". Cultura intensiva significa uma grande quantidade de capital, trabalho e tecnologia por unidade de área de terra (Janick, 1972).

A diversificação da agricultura tem-se processado de várias formas na Índia. A horticultura é uma forma de diversificação. No entanto, o desenvolvimento da horticultura não tinha sido uma prioridade na Índia até aos últimos anos. No período de 1948-80, o país centrou-se sobretudo nos cereais. Não foram feitos muitos esforços planeados para o desenvolvimento da horticultura, com exceção de algum apoio técnico e esforços de desenvolvimento para produtos específicos como as especiarias, o coco e a batata. Entre 1980 e 1992, houve uma consolidação do apoio institucional e um processo planeado para o desenvolvimento da horticultura. Foi no período pós-1993 que foi dada uma atenção especial ao desenvolvimento da horticultura através de um aumento da afetação de planos e de tecnologia baseada no conhecimento (NHB, 2005).

A horticultura ganhou importância comercial nos últimos anos e é uma componente importante da agricultura, com um peso significativo na economia do país. A Índia tem a vantagem de dispor de condições agro-climáticas diversas que lhe permitem produzir uma vasta gama de culturas hortícolas durante todo o ano. A horticultura contribui com cerca de 28% do PIB da agricultura e 54% da quota de exportação da agricultura. Na última década, a evolução da estrutura das culturas foi mais favorável ao sector da horticultura e às culturas comerciais. O quadro 1.1 apresenta as alterações da estrutura das culturas.

QUADRO 1.1

ALTERAÇÃO DO PADRÃO DE CULTIVO NA ÍNDIA DE 1990 A 2004

(Unidade: 000' hectares)

Produtos de base	1990-95	1995-2000	2000-04
Arroz	150.1	1873.3	-25900
Trigo	843.9	719.0	760.0
Cearles grosseiros	-5365	411.1	-300.0
Grãos alimentares	-6830.0	40.0	-890.0

6

| Algodão | 1595.3 | -5053.3 | 390.0 |
| Horticultura | 900.0 | 1856.0 | 4514.0 |

O sector da horticultura, que inclui frutas, legumes, especiarias, floricultura e coco, entre outros, cobria 17,2 milhões de hectares de terra em 2003-04, representando 30,0% do PIB da Índia e 8,5% da área cultivada do país. As frutas e os produtos hortícolas são o maior subsector das culturas hortícolas na Índia, representando 63,8% da área e também mais de 80% da produção total (National Horticultural Board, 2009). A Índia é o segundo maior produtor de frutas e o maior produtor de produtos hortícolas do mundo.

A nível mundial, a Índia ocupou a primeira posição na produção de couve-flor, a segunda na de cebola e a terceira na de repolho. Embora a quota-parte da Índia na produção mundial de frutas e produtos hortícolas seja de 10,0 e 13,28%, respetivamente, a Índia só é seguida pela China em termos de área e produção de produtos hortícolas e ocupa a primeira posição na produção de couve-flor, a segunda na de cebola e a terceira na de repolho no mundo. Os primeiros planos quinquenais atribuíram prioridade à consecução da autossuficiência na produção de géneros alimentícios. Ao longo dos anos, a horticultura emergiu como uma parte indispensável da agricultura, oferecendo uma vasta gama de opções aos agricultores para a diversificação das culturas. Em 2005-2006, o Governo da Índia lançou a Missão Nacional de Horticultura (NHM), com o objetivo de promover o desenvolvimento integrado da horticultura, ajudar a coordenar, estimular e sustentar a produção e a transformação de frutas e produtos hortícolas e criar uma infraestrutura sólida no domínio da produção, transformação e comercialização, com especial destaque para a gestão pós-colheita, a fim de reduzir as perdas. A parte das frutas e produtos hortícolas no valor total das exportações agrícolas tem aumentado ao longo dos anos. No entanto, a Índia ainda está atrasada no que respeita às exportações efectivas destes produtos. Por exemplo, a Índia produz 65% e 11% da manga e da banana do mundo, respetivamente, ocupando o primeiro lugar na produção de ambas as culturas. No entanto, as exportações indianas destas duas culturas são quase insignificantes em relação ao total das exportações agrícolas da Índia.

2.2.1 Procura e potencial das culturas hortícolas

Na Índia, a procura de culturas hortícolas e as suas oportunidades de exportação têm vindo a aumentar continuamente. Considera-se que a importância relativa das culturas que se estão a tornar altamente remuneradoras devido ao fator preço, especialmente as culturas hortícolas, deve ser aumentada na combinação de padrões de cultivo, uma vez que existe uma relação positiva entre os aumentos. As frutas e os produtos hortícolas são o maior subsector das culturas hortícolas em termos de importância dessas culturas e de crescimento da produção global (Joshi et al. 2006 e Birthal et al., 2007). A procura de frutas e produtos hortícolas está a aumentar a um ritmo superior ao de outras culturas (ver quadro 1.2 para projeção).

Os dados sobre o padrão de consumo das pessoas na Índia mostram que tem havido um aumento constante da procura de frutas e produtos hortícolas, em comparação com outras culturas. O consumo per capita de frutos foi estimado em 25 kg, tendo aumentado para cerca de 40 kg em 2001, o que representa um aumento de 60 % nas duas últimas décadas. O consumo anual per capita de produtos hortícolas aumentou de 47 kg em 1983 para 76 kg em 1999 (Singh et al. 2004). O aumento global do consumo de produtos hortícolas foi de cerca de 53% durante este período. Além disso, espera-se que o consumo de frutos e produtos hortícolas continue a aumentar no futuro. Além disso, uma vez que as culturas hortícolas são de mão de obra intensiva e geram rendimentos elevados e rápidos, proporcionam aos agricultores uma oportunidade de utilizar o seu trabalho excedentário e aumentar os seus rendimentos (Birthal et al., 2007). As culturas hortícolas têm sido aclamadas como um caso especial de diversificação também por vários outros motivos. A tendência crescente para a especialização no padrão de cultivo em alguns estados, juntamente com a estagnação dos seus rendimentos e o aumento do custo de produção, está a fazer baixar o rendimento real dos agricultores. Devido aos rendimentos e à produtividade mais elevados das culturas hortícolas, este grupo surgiu como uma área importante para a diversificação e como uma alternativa

QUADRO 1.2

PROCURA DE ALIMENTOS DIVERSOS NA ÍNDIA - 2015 E 2030

Produtos alimentares	2015		2030	
	LIG	HIG	LIG	HIG
Arroz	101886	101441	114499	113893
Trigo	74607	72411	83045	80087
Impulsos	21303	22578	24515	26312
Grãos alimentares	235399	232547	263752	259993
Óleo alimentar	10355	10863	11870	12581
Legumes	123824	151861	150823	193562
Furits	69678	84099	84336	106126
Leite	109092	127805	130502	15835
Ovos	2889	3664	3566	4770
Peixe	8460	10731	10444	13971
Carne	8196	10396	11181	13534

Fonte: Rao, 2003

Nota: (i). LIG é o grupo de baixo rendimento (3,5 por cento do PIB per capita) e

    (ii) HIG é o grupo de elevado rendimento (5,5 por cento do PIB per capita)

padrão de cultivo. Os dados disponíveis mostram que um hectare de culturas hortícolas pode gerar

8

um rendimento anual de até 20 000 rupias, em comparação com apenas 10 000 rupias e 4 000 rupias para o arroz e o ragi, respetivamente (Singh et al., 2004). O cultivo de frutas pode gerar emprego no valor de 860 dias-homem, contra 143 dias-homem para os cereais. A Índia tem a oportunidade de participar e dar as mãos a muitos países que beneficiaram enormemente com o aumento da quota-parte da produção hortícola. A diversificação para as culturas hortícolas é considerada a força da agricultura indiana, devido ao seu potencial para produzir uma grande variedade de culturas hortícolas em condições agro-climáticas variadas.

2.2.2 Iniciativas a nível nacional para o desenvolvimento da horticultura

(A) Conselho Nacional de Horticultura

O National Horticulture Board (NHB) foi criado pelo Governo da Índia em 1984 como uma sociedade autónoma ao abrigo da Societies Registration Act 1860. O Conselho tem a sua sede em Gurgaon (Haryana). O Diretor-Geral é o principal executivo do NHB, que implementa vários regimes sob a supervisão e orientação gerais do Conselho de Administração do NHB, bem como do Departamento de Agricultura e Cooperação, Ministério da Agricultura, Governo da Índia.

Os objectivos gerais de todos os regimes acima referidos são os seguintes

❖ Desenvolvimento da horticultura comercial de alta tecnologia nas faixas identificadas

❖ Desenvolvimento de infra-estruturas modernas de gestão pós-colheita como parte integrante de projectos de expansão de zonas ou como instalação comum a um conjunto de projectos

❖ Desenvolvimento de infra-estruturas de cadeia de frio integradas e energeticamente eficientes para produtos hortícolas frescos,

❖ Popularização de novas tecnologias/ferramentas/técnicas identificadas para comercialização/adoção, após a realização de uma avaliação das necessidades tecnológicas,

❖ Assistência para garantir a disponibilidade de material de plantação de qualidade através da promoção da criação de bancos de sementes e de porta-enxertos / viveiros de plantas-mãe, da acreditação/classificação de viveiros de horticultura e da importação de material de plantação em função das necessidades,

❖ Promoção e desenvolvimento do mercado de produtos hortícolas frescos,

❖ Promoção de ensaios de campo de materiais de plantação recentemente desenvolvidos/importados e outros factores de produção agrícola, tecnologia de produção, protocolos PHM, protocolos INM e IPM, e programas de investigação aplicada e desenvolvimento para a comercialização de tecnologia comprovada.

❖ Promoção da investigação aplicada e do desenvolvimento para normalizar os protocolos de PHM, prescrever condições críticas de armazenamento para os produtos hortícolas frescos, estabelecer normas técnicas de referência para as infra-estruturas da cadeia de frio, etc,

❖ Transferência de tecnologia para os produtores/agricultores e prestadores de serviços, tais como jardineiros, trabalhadores qualificados a nível das explorações agrícolas, operadores de entrepostos frigoríficos, força de trabalho que efectua a gestão pós-colheita, incluindo a transformação de produtos hortícolas frescos, e para os mestres-formadores,

❖ Promoção do consumo de produtos hortícolas.

❖ Criação de centros de instalações comuns em parques hortícolas e zonas agrícolas de exportação.

❖ Reforçar o sistema de informação sobre o mercado através do desenvolvimento, da recolha e da divulgação de bases de dados sobre a horticultura,

❖ Realização de estudos e inquéritos para identificar os condicionalismos e desenvolver estratégias a curto e longo prazo para o desenvolvimento sistemático da horticultura e prestação de serviços técnicos, incluindo serviços de assessoria e consultoria.

(B) Missão Nacional de Horticultura

Missão Nacional de Horticultura (NHM), lançada em 2005-06 para o desenvolvimento holístico do sector da horticultura na Índia, com um orçamento de Rs 1000,00 crores. Dezoito Estados e dois UT foram abrangidos pela NHM durante o ano. A tónica do NHM é colocada numa abordagem de agrupamento diferenciada a nível regional para o desenvolvimento de culturas hortícolas com vantagens comparativas. No total, 259 distritos foram abrangidos pela abordagem de agrupamento, incluindo 32 novos distritos acrescentados em 2006-2007. As actividades são levadas a cabo através das missões estatais de horticultura de vários Estados e territórios ultraperiféricos. As aplicações no domínio da horticultura são actividades relacionadas com a agricultura de precisão e a horticultura de alta tecnologia. Outros incluem a National Horticultural Research and Development Foundation (NHRDF); a IFFCO Foundation; a National Seeds Corporation (NSC); e a State Farms Corporation of India (SFCI), para a execução e acompanhamento de programas relacionados com produtos hortícolas e com a produção de qualidade de sementes de produtos hortícolas e de material de plantação. A Missão Nacional de Horticultura foi implementada em todos os Estados e Territórios da União da Índia, com exceção dos Estados do Nordeste, Himachal Pradesh, Jammu & Kashmir e Uttaranchal (para os quais existe uma Missão Tecnológica separada para o desenvolvimento integrado da horticultura), a fim de promover o crescimento holístico do sector da horticultura, que abrange frutos, produtos hortícolas, raízes e tubérculos, cogumelos, especiarias, flores, plantas aromáticas, caju e cacau. Os programas de desenvolvimento do sector do coco serão executados pelo Conselho de Desenvolvimento do Coco (CDB), independente da Missão. Trata-se de um regime patrocinado a nível central, no âmbito do qual o Governo da Índia prestará uma assistência de 100% às missões estatais durante o décimo plano. Durante o XI Plano, a assistência do Governo da Índia foi de 85,0%, com uma contribuição de 15,0% dos Governos Estaduais. Os principais objectivos da Missão são os seguintes: i) Proporcionar um crescimento holístico do sector da horticultura através de estratégias diferenciadas a nível regional, baseadas na área, que incluam a investigação, a promoção da tecnologia, a extensão, a gestão pós-colheita, a transformação e a comercialização, em consonância com as vantagens comparativas de cada Estado/região e as suas diversas características agro-climáticas. ii) Aumentar a produção hortícola, melhorar a segurança nutricional e o apoio ao rendimento das famílias de agricultores iii) Estabelecer convergências e sinergias entre os múltiplos programas em curso e planeados para o desenvolvimento da horticultura iv) Promover, desenvolver e divulgar tecnologias, através de uma mistura perfeita de sabedoria tradicional e conhecimentos científicos modernos v) Criar oportunidades de criação de emprego para pessoas qualificadas e não qualificadas, especialmente jovens desempregados.

A fim de incentivar as mulheres a serem auto-suficientes e a tirarem partido das vantagens deste regime, foram adoptadas várias iniciativas, das quais as mais importantes são

❖ Organização/identificação de grupos de mulheres que actuariam como uma rede para

❖ Canalizar o apoio à horticultura.

❖ Avaliação das necessidades das mulheres agricultoras em termos de apoio à horticultura, como o apoio aos factores de produção, o apoio tecnológico e o apoio à extensão.

❖ Estabelecer prioridades para as actividades de grupos de mulheres individuais com base na avaliação das necessidades.

❖ Fornecer apoio organizacional e financeiro adequado aos grupos de mulheres para que eles próprios possam trabalhar com SHGs.

❖ Fornecer formação técnica em horticultura e domínios conexos às mulheres agricultoras.

❖ Até à data, 18593 mulheres empresárias receberam formação sobre diferentes aspectos da horticultura no âmbito desta missão.

(C) Investigação e desenvolvimento no domínio da horticultura

O desenvolvimento da horticultura foi muito reduzido até ao terceiro plano quinquenal e recebeu pouca atenção mesmo depois disso. No entanto, o investimento do plano no desenvolvimento da horticultura aumentou significativamente desde o VIII Plano Quinquenal, o que resultou num reforço considerável dos programas de desenvolvimento da horticultura no país. O Conselho Indiano de Investigação Agrícola (ICAR) atribuiu pela primeira vez no IV Plano uma dotação modesta de 34,8 milhões de rúpias para a investigação no domínio das culturas hortícolas. Esta dotação foi aumentada para 319,6 milhões de rúpias, 1 102 milhões de rúpias e 2 130 milhões de rúpias durante os VII, VIII e IX planos, respetivamente. Atualmente, representa cerca de 10% do total das despesas de investigação agrícola efectuadas pelo ICAR. Começando com uma magra dotação financeira de 20,5 milhões de rupias para o desenvolvimento no IV Plano, aumentou para 76,2 milhões de rupias no V, 146,4 milhões de rupias no VI, 250 milhões de rupias no VII, 10 000 milhões de rupias no VIII (utilização de 7890 milhões de rupias) e 14530,6 milhões de rupias no IX Plano. Embora o aumento da dotação orçamental entre o IV e o IX Plano tenha sido 61 vezes superior no que respeita à investigação, foi 584 vezes superior no que respeita aos programas de desenvolvimento. Além disso, o Ministério do Comércio tem vindo a promover a investigação, o desenvolvimento e as exportações de cardamomo, chá, café e borracha através dos "Commodity Boards" criados para o efeito, nomeadamente o "Spices Board", o "Tea Board", o "Coffee Board" e o "Rubber Board", respetivamente. Além disso, foi criada uma autoridade para o desenvolvimento das exportações de produtos agrícolas (APEDA), sob a égide do Ministério do Comércio, para promover a exportação de produtos hortícolas, tanto frescos como de produtos com valor acrescentado. O apoio organizacional indireto ao desenvolvimento da horticultura é igualmente prestado por dois organismos do Ministério da Agricultura, nomeadamente a National Cooperative Development Corporation (NCDC) e a National Agricultural Cooperative Marketing Federation. (NAFED). A atenção dada à investigação e ao desenvolvimento no domínio da horticultura rendeu dividendos através do aumento da produção e da produtividade e do aumento das exportações. Foram cultivadas grandes áreas com cultivares melhoradas, em resultado do aumento considerável da produção de material de plantação e sementes de qualidade. Um grande número de agricultores recebeu formação em tecnologias inovadoras como a irrigação gota a gota, o cultivo em estufas, a microenxertia, etc.

(D) Iniciativas para comercializar a horticultura na Índia

❖ Serviços de consultoria da HPMI: A HPMI tem uma divisão completa de serviços de consultoria para prestar serviços de consultoria a agricultores, empresários, empresas e agências governamentais.

❖ HPMI Exportações: A HPMI tem uma divisão de exportação para promover a exportação de todos os produtos hortícolas diretamente ou em colaboração com a Punjab Mark Fed, Punjab (Governo do Punjab), a Agri Export Corporation (Governo do Punjab), a U.P. State Horticulture Marketing Federation e a Uttaranchal Seeds Tarai Development Corporation (Governo do Uttaranchal).

❖ HPMI- JV: A HPMI tem uma empresa comum com a empresa de topo do Governo do Nepal para as suas operações comerciais nos Emirados Árabes Unidos, Singapura, Malásia, Doha, Reino Unido, Alemanha e China.

❖ Mark Hort. Potatoes India Ltd: Uma joint-venture com a Punjab Mark fed, Govt. of Punjab para diversificação. Iniciativas adoptadas pela HPMI para comercializar batatas na Índia:

❖ 2000-2001 - Resolveu a situação de escassez em Punjab e U.P. e estabilizou os preços em três semanas.

❖ 2001 - Preparou um relatório de viabilidade técnico-económica para o Governo do Punjab sobre a zona de exportação agrícola de batatas no Punjab.

❖ 2002 - Preparou um relatório de viabilidade técnico-económica para o Governo de U.P. para uma zona de exportação agrícola de batatas no Punjab.

❖ 2001-2007-Organizou 73 workshops em Punjab e U.P. sobre Melhoramento de Variedades, Gestão Pré-Pós-Colheita de Batatas e Exportação de Batatas.

❖ 2000-2004- Promoveu a tecnologia CIPC em associação com a UPL para armazenamento.

❖ 2003- Promoveu uma empresa de Joint Venture com Punjab Mark fed para gerir as actividades comerciais.

❖ 2003-Assinou um memorando de entendimento com a U.P. State Horticulture Marketing Federation Ltd. (UP Govt.) para a exportação de batatas em U.P.

❖ 2004- Importou oito classificadores mecânicos de batatas da Alemanha e introduziu o conceito de classificação mecânica na Índia para a classificação de batatas.

❖ 2004-Auxiliou a APEDA na organização de uma conferência internacional de encontro entre compradores e vendedores em Nova Deli. Depois disso, tornou-se um evento anual da APEDA.

❖ 2004- Assinou um memorando de entendimento com uma empresa alemã para a exportação de 1,5 Lakh MT de batatas e iniciou o processo de obtenção de aprovação para permitir as exportações da Índia, que estavam proibidas.

❖ 2004- Visitou o Sri Lanka para promover a batata de semente e a batata de mesa e convenceu o Governo a abrir as importações e a flexibilizar os direitos aduaneiros a par do Paquistão.

❖ 2005- Convidou o Ministro da Agricultura do Sri Lanka para mostrar a força da Índia e analisou a aprovação da importação de sementes de batata da Índia.

❖ 2005- Ajudou a Mark fed a obter a aprovação de um armazém frigorífico de última geração para batatas no Punjab, com um custo de Rs. 6,00 Cr. para demonstrar as novas tecnologias aos operadores de armazéns frigoríficos indianos.

❖ 2004- Assistiu a APEDA como membro do comité do grupo de trabalho para o desenvolvimento de infra-estruturas para a batata na Índia e nos países vizinhos potenciais.

❖ 2003- Solicitou ao Governo da Índia que introduzisse o subsídio de transporte para a exportação de batatas e obteve sucesso.

❖ 2003- Solicitou ao Governo do Estado de U.P., Punjab e Bengala Ocidental um subsídio de transporte estatal para a exportação de batata para outros estados e países e obteve sucesso.

❖ 2001-2007- Sensibilização das empresas de transformação para as variedades de qualidade disponíveis para transformação.

❖ 2005-2007- Lançou a promoção do consumo de batata em várias partes do país.

CAPÍTULO 3

REVISÃO DA LITERATURA

Neste capítulo, é feita uma revisão da literatura existente sobre horticultura. A revisão é efectuada por ordem cronológica.

Imminck e Alarcon (1993) examinaram o papel dos factores económicos e não económicos nas decisões de diversificação das culturas dos agricultores. Utilizando o rendimento como fator económico e a disponibilidade de alimentos como fator não económico, exploraram a sua relação com diferentes combinações de culturas, incluindo culturas alimentares e comerciais como o trigo, a batata e os produtos hortícolas. O estudo concluiu que os rendimentos líquidos desempenham um papel importante na diversificação para culturas comerciais. O efeito do rendimento líquido da substituição de culturas depende dos rendimentos líquidos relativos das diferentes culturas e do grau de substituição de culturas. A falta de acesso ao mercado e a grande flutuação da produção agrícola e dos preços dos factores de produção podem reduzir substancialmente as margens brutas e conduzir a perdas de rendimento. Por conseguinte, o acesso ao crédito e ao mercado desempenha um papel extremamente importante na promoção da diversificação para culturas comerciais de elevado valor.

Pingali e Rosegrant (1995) consideraram todas estas componentes da diversificação em termos de três fases - subsistência, semi-comercial e comercial. Segundo eles, na primeira fase, quando a agricultura é caracterizada por um nível mais elevado de subsistência, o nível de diversidade tende a ser mais elevado. Uma vez que existe uma tendência crescente para uma maior comercialização ou para uma maior afetação de terras a favor de culturas de elevado valor, esta agricultura pode conduzir a uma elevada concentração. O estudo conjetura uma relação positiva entre três níveis de comercialização e um nível crescente de concentração a nível da exploração agrícola. Inclui o processo de mudança de culturas de baixo valor para culturas de alto valor.

GoI (2001), o Governo da Índia deu grande ênfase à necessidade de alcançar a autossuficiência na produção alimentar, especialmente de cereais, imediatamente após a obtenção da independência em 1947. Os esforços foram coroados de êxito com a Revolução Verde no final dos anos sessenta e início dos anos setenta. Mostraram também que as culturas hortícolas, para as quais a topografia e o agro-clima indianos são bem adaptados, poderiam ser uma escolha ideal para a sustentabilidade dos pequenos agricultores. No entanto, só em meados dos anos oitenta é que o Governo indiano identificou as culturas hortícolas como um meio de diversificação para tornar a agricultura mais rentável através de uma utilização eficiente dos solos, da utilização óptima dos recursos naturais (solo, água e ambiente) e da criação de emprego qualificado para as massas rurais, especialmente para as mulheres. Os esforços envidados no passado foram compensadores em termos de aumento da produção e da produtividade e da disponibilidade de produtos hortícolas. A Índia tornou-se assim o maior produtor de coco, areca, caju, gengibre, curcuma, pimenta preta e chá, e o segundo maior produtor de frutos e produtos hortícolas. Entre as novas culturas, o kiwi, a oliveira e o óleo de palma foram introduzidos com êxito no cultivo comercial do país. A importância das culturas hortícolas foi reconhecida através de um aumento significativo do apoio ao desenvolvimento concedido pelo Governo da Índia durante os períodos do VIII e IX Planos. A dotação total de 250 milhões de rúpias para o desenvolvimento da horticultura durante o VII Plano foi aumentada para 10 000 milhões de rúpias durante o VIII Plano (1992-97). Este aumento significativo da dotação permitiu o reforço dos programas em curso relativos a frutos, produtos hortícolas, culturas de plantação e especiarias, para além do início de novos programas no domínio dos cogumelos e das culturas medicinais e aromáticas. Durante o IX Plano, a dotação financeira foi novamente aumentada para 14.530,6 milhões de rúpias.

Das (2002), na sua investigação, esclarece que a multiplicidade de sistemas de cultivo tem sido uma das principais características da agricultura indiana e é atribuída à agricultura de sequeiro e às situações socioeconómicas prevalecentes na comunidade agrícola. Estima-se que mais de 250 sistemas de dupla cultura são seguidos em todo o país e, com base na lógica da disseminação das culturas em cada distrito do país, foram identificados 30 sistemas de cultura importantes. São apresentadas as estatísticas relativas ao padrão de cultivo dos agro-ecossistemas em 1998-99 e ao padrão de cultivo de acordo com a utilização das terras. Os principais problemas emergentes nos sistemas de cultivo irrigado, juntamente com as lacunas de rendimento de alguns dos sistemas de cultivo importantes, também foram fornecidos no texto deste documento. A informação relativa ao padrão de cultivo das culturas hortícolas, em particular dos produtos hortícolas e dos tubérculos, não está compilada e prontamente disponível. No entanto, os condicionalismos da produção e as zonas/estados de cultivo destas culturas são apresentados de forma sucinta, juntamente com as lacunas da investigação e as futuras áreas de orientação.

Nicholas Minot e Margaret Ngigi (2004) escrevem que as exportações de produtos hortícolas do Quénia são frequentemente citadas como uma história de sucesso na agricultura africana. As exportações de frutas e legumes têm recebido menos atenção, mas o valor das exportações é semelhante ao do Quénia. Mais de metade das exportações são produzidas por pequenos agricultores, e estes ganham com a produção para o mercado de exportação. Ao mesmo tempo, o número total de pequenos agricultores que produzem para exportação é relativamente pequeno, e as tendências do comércio retalhista europeu podem transferir a vantagem para os grandes produtores. A Costa do Marfim não é tão claramente uma história de sucesso porque a maioria das exportações é produzida em grandes propriedades industriais e porque o crescimento tem sido desigual. As exportações da Costa do Marfim dependem de um acesso preferencial aos mercados europeus em relação aos exportadores latino-americanos, o que levanta dúvidas quanto à sua sustentabilidade. Os factores de crescimento e de sucesso das exportações de produtos hortícolas incluem uma taxa de câmbio realista, políticas estáveis, um bom clima de investimento, ligações de transportes internacionais competitivas, ligações institucionais e sociais com os mercados europeus e uma experimentação contínua com as instituições de mercado para ligar os agricultores aos exportadores. A participação dos pequenos agricultores é incentivada através de programas de formação e de extensão agrícola, de investimentos na irrigação em pequena escala e de assistência no estabelecimento de ligações com os exportadores. Muitas das lições da horticultura queniana podem ser aplicadas noutros locais de África. Com efeito, o Quénia enfrenta uma concorrência crescente dos países vizinhos que tentam reproduzir o seu êxito. Ao mesmo tempo, as instituições de mercado levam tempo a desenvolver-se e as limitações da procura impedem provavelmente que outros países africanos alcancem o mesmo nível de sucesso que o Quénia.

Shalini Sehgal (2005) estudou o aspeto sanitário, juntamente com a crescente procura de variedade e disponibilidade por parte dos consumidores, e a alteração da estrutura do comércio mundial conduziu a um aumento do comércio internacional de frutas e produtos hortícolas. Para muitos países, especialmente os países em desenvolvimento, esses produtos tornaram-se valiosos, dando um contributo substancial para a economia e para a saúde da população de um país. É importante que o consumo de produtos frescos continue a aumentar por razões de saúde nutricional e económicas. Os principais objectivos deste estudo foram monitorizar a qualidade microbiológica de produtos frescos seleccionados, provenientes de mercados locais e de retalho, através da enumeração de várias populações microbianas. Avaliar a prevalência de agentes patogénicos alimentares comuns na superfície das amostras. Sugerir soluções antimicrobianas adequadas e económicas para reduzir a carga microbiana nos produtos frescos. As amostras de frutas e produtos hortícolas foram recolhidas por rotina em vários mercados grossistas, mercados locais e pontos de venda a retalho em Deli e NCR. As amostras foram recolhidas aleatoriamente de forma asséptica num recipiente esterilizado mantido em condições de frio, entregues imediatamente no laboratório e analisadas. Foram utilizados métodos de análise de variância (ANOVA) na interpretação dos resultados da análise. O teste T foi utilizado na avaliação da significância da diferença entre os grupos. A significância entre os valores foi avaliada a um nível de confiança de 95,0 por cento. Nos últimos anos, o aumento da procura de produtos frescos "naturais" e "biológicos" por parte dos consumidores aumentou o risco de erros de manuseamento dos alimentos e de doenças de origem alimentar associadas aos produtos frescos. A contaminação de produtos frescos com microrganismos pode ocorrer durante o crescimento e o processamento, bem como em casa, devido à contaminação cruzada. Vários surtos de gastroenterite humana têm sido associados ao consumo de frutas e legumes frescos contaminados. Assim, tornou-se necessário verificar a carga microbiana nos frutos e produtos hortícolas frescos para avaliar a sua segurança para consumo humano.

Surabhi Mittal (2007) observa que a Índia é o segundo maior produtor de frutas e produtos hortícolas do mundo, a seguir à China. Desde a década de 1980, o comércio internacional de frutas e produtos hortícolas tem-se expandido rapidamente. O número de produtos de base, bem como o número de variedades produzidas e comercializadas, aumentou muito nos últimos 25 anos. Verifica-se um aumento global da procura de frutas e produtos hortícolas para consumo, tanto na forma fresca como transformada. Além disso, verifica-se uma grande diversificação do padrão de produção a nível mundial. Os rendimentos neste sector estão a aumentar, o que está, de facto, a impulsionar a oferta. Apesar de ser um dos maiores produtores de frutas e produtos hortícolas do mundo, a competitividade dos produtores indianos em termos de exportação continua a ser baixa. No entanto, com novas iniciativas de comercialização, as perdas pós-colheita e o desperdício devido a infra-estruturas deficientes, como o armazenamento e o transporte, foram consideravelmente reduzidos. Num esforço para superar alguns dos problemas associados a este sector. No entanto, o estudo observou que, nas últimas décadas e meia, se registou na Índia uma mudança no padrão de cultivo a favor da horticultura. A análise da viabilidade económica desta mudança dos cereais para os frutos e produtos hortícolas mostra que é economicamente viável e benéfico mudar para a produção hortícola, mas esta diversificação tem de ser planeada de forma sistemática. São também sugeridas algumas estratégias e políticas neste domínio. O estudo confirma a alteração dos padrões de consumo e a diversificação, bem como as perspectivas para os próximos 15-20 anos, tendo em conta a escassez da oferta e o aumento da procura interna. As principais exportações da Índia são a manga, as uvas, a laranja, a maçã, a banana, o mosambi, a cebola, a batata, o tomate e as abóboras. A maior parte das exportações indianas de frutos e produtos hortícolas frescos destina-se ao Bangladesh, ao Nepal, aos Emirados Árabes Unidos, ao Reino Unido e à Malásia. As limitações da oferta, as diferenças de rendimento e os enormes custos logísticos afectam a nossa vantagem competitiva e comparativa no mercado comercial mundial. Neste estudo, o coeficiente de proteção nominal e a vantagem comparativa revelada são calculados para verificar a situação existente. O estudo identifica igualmente os Estados potenciais para os frutos e produtos hortícolas, relativamente aos quais a Índia é globalmente competitiva e tem uma vantagem comparativa na produção. Estes Estados devem ser seleccionados para aumentar o potencial de exportação do país. São também identificados os potenciais países concorrentes. As lições de outros países em desenvolvimento centram-se no crescimento do sector da horticultura através de uma maior participação dos pequenos agricultores e dos agricultores marginais de uma forma organizada e da formação de agricultores com competências empresariais.

Katinka Weinberger e Thomas Lumpkin (2007) referem que os produtos hortícolas e os produtos transformados dos países em desenvolvimento estão a tornar-se cada vez mais populares nos mercados nacionais e internacionais. A produção e as exportações mundiais estão a aumentar de forma constante. No entanto, os aumentos de rendimento têm sido inferiores ao crescimento da área e têm sido negligenciáveis ou mesmo negativos nos países menos desenvolvidos. Embora a experiência mostre que a horticultura pode oferecer boas oportunidades para a redução da pobreza, uma vez que aumenta o rendimento e gera emprego, é preciso ter cuidado para que os pequenos agricultores e os agricultores pobres não sejam excluídos das oportunidades nestes sectores de mercado. Neste artigo, os autores defendem que as agências de desenvolvimento devem dar mais ênfase à investigação e ao desenvolvimento da horticultura, especialmente nas seguintes áreas prioritárias: melhoramento genético, sistemas de produção seguros, produção comercial de sementes, instalações pós-colheita e ambiente urbano/periurbano. A urbanização crescente e as necessidades das cidades em crescimento para alimentar as suas populações exigirão mais atenção à produção hortícola urbana e periurbana, ao planeamento urbano e a outros problemas específicos.

Mahendra Singh e Mathu (2008) centraram-se nas mudanças estruturais no sector da horticultura na Índia: Reprospect and prospect for the eleventh five year plan. O papel do sector da horticultura do país e as suas perspectivas durante o décimo primeiro plano quinquenal. O estudo revelou que as culturas de elevado valor contribuíram significativamente para as exportações agrícolas nacionais e que cerca de metade desse valor foi partilhado pelos produtos hortícolas. O crescimento e a variabilidade da superfície, da produção e do rendimento dos principais subsectores da horticultura indicam que se verificou um crescimento substancial da superfície de todos os subsectores durante todo o período de 1991-2006. Verificou-se que o crescimento da área e a variabilidade estão positivamente correlacionados.

Pradeep Kumar Mehta (2009) efectuou um estudo sobre a diversificação e as culturas hortícolas no caso do Himachal Pradesh. O principal objetivo do estudo é investigar o papel relativo da diversificação no crescimento da produção e o impacto indutor ou depressivo do processo de mudança da diversificação das culturas na Índia, analisar a natureza das expectativas de preços dos agricultores diversificados, examinar a sua relação com outros factores económicos e identificar o papel das diferentes expectativas de preço, rendimento e rendimento dos agricultores nas suas decisões de afetação de terras e estimar o papel do risco global da produção e do consumo na extensão da afetação de terras a favor das culturas hortícolas. A metodologia do estudo consiste no facto de, entre as várias facetas da diversificação, a diversificação para as culturas hortícolas ser o seu principal indicador. As medidas de diversificação incluem tanto aspectos espaciais como temporais. Com base no aspeto espacial, a diversificação é calculada pela afetação de terras a favor das culturas hortícolas. As medidas baseadas no aspeto temporal da diversificação incluem a taxa de crescimento da área cultivada com culturas hortícolas e a magnitude da substituição de culturas por culturas hortícolas. O critério de seleção da área de campo é orientado por estas medidas de diversificação. Para selecionar o Estado, o distrito, o bloco e as aldeias, seguiu-se um processo de amostragem intencional em várias fases. A seleção baseou-se na representatividade da diversificação das culturas hortícolas. Em Himachal Pradesh, a importância do sector da horticultura no seu sector agrícola é muito elevada (representativa em termos de valor do quociente de localização superior a quatro) e o Estado registou um crescimento moderado a elevado da área cultivada com culturas hortícolas nas últimas três décadas. Em seguida, seleccionou o distrito de Shimla, que era representativo da diversificação para as culturas hortícolas, uma vez que registou a maior substituição de área por culturas hortícolas e a maior afetação de terras a culturas hortícolas. O investigador recolheu dados relativos aos últimos dez anos ao nível dos blocos para identificar o padrão temporal e espacial da diversificação nos blocos do distrito de Shimla. O investigador calculou a taxa de crescimento composto de culturas importantes do sector agrícola e hortícola e mediu também a magnitude da substituição de culturas de cereais alimentares por culturas hortícolas, como meio de identificar o grau e a escala da diversificação. Seguiu-se o cálculo da proporção de culturas hortícolas na área bruta cultivada e os índices de diversificação dos blocos.

Krunal Gulkari, Patel e Badhe (2011) efectuaram um estudo de campo sobre a atitude dos beneficiários em relação à missão nacional de horticultura. Os autores seleccionaram quatro taluks, nomeadamente Anklaw, Anand, Boarsad e Umerth, do distrito de Anand, no Estado de Gujarat, para avaliar a atitude dos beneficiários em relação à missão nacional de horticultura. O investigador contactou pessoalmente um total de 120 beneficiários para recolher os dados pertinentes. O estudo revelou que menos de metade (46,66%) dos beneficiários tinha uma atitude neutra em relação à missão nacional de horticultura e a análise de correlação das variáveis independentes revelou que a posse de terras e os contactos com a extensão estavam positiva e significativamente correlacionados com a atitude dos beneficiários em relação à missão nacional de horticultura.

Mahtab Bamji, et al. (2011) tentaram uma diversificação parcial do padrão de cultivo intensivo em água (arroz e cana-de-açúcar) para a horticultura usando métodos verdes de cultivo numa área de terra seca para melhorar o acesso das famílias a vegetais e a segurança ambiental. O estudo foi efectuado em 15 aldeias de Mandals (24 000 habitantes), no distrito de Medak, no estado sul-indiano de Andhra Pradesh. O projeto foi explicado em reuniões a nível das aldeias; foram identificados 222 agricultores que possuíam terras (marginais ou pequenas) e que estavam dispostos a diversificar parcialmente do arroz e da cana-de-açúcar para a horticultura (pomares mistos, hortas) e a adotar métodos ecológicos de cultivo. Foram distribuídas sementes/mudas de variedades de legumes e frutos ricos em micronutrientes aos agricultores identificados. Mudas de baqueta, papaia, folhas de caril (Murraya Koenigii) e espinafre rasteiro (Basilla alba) foram cultivadas por mulheres da aldeia em viveiros de quintal e depois compradas a elas, proporcionando-lhes algum rendimento. Um total de 222 agricultores desviaram 62,1 acres de terra para a horticultura. Os inquéritos mensais sugerem a venda de 25 a 50% dos legumes cultivados, sendo o restante consumido em casa. A redução acentuada do consumo médio de legumes no grupo de controlo no inquérito final, em comparação com o inquérito inicial, demonstra o impacto negativo do aumento dos preços. Um aumento de quase 44% no consumo de vegetais de folha verde no inquérito final, em comparação com o inquérito inicial, sugere o impacto positivo da educação nutricional.

Saroj (2011) centrou-se no sistema de comercialização em vigor, que não está a apoiar devidamente os produtores de frutas e produtos hortícolas para que obtenham uma melhor remuneração dos seus produtos. Muitas vezes, os comerciantes/médios estão a ganhar mais do que os agricultores. Até os retalhistas obtêm margens de lucro elevadas devido a um sistema de comercialização desorganizado. As variações de preço entre o local de produção e o local de escoamento são muito grandes, tanto entre as cidades como dentro de cada cidade. A diferença de preços entre os grossistas e os retalhistas é cerca do dobro de todos os produtos de base. Nos últimos anos, as flutuações dos preços de venda a retalho das frutas e produtos hortícolas são muito abundantes, o que causa graves problemas aos consumidores.

No seu estudo, **Vasant Gandhi e Namboodiri** observam que, nos últimos anos, tem havido preocupação quanto à eficácia da comercialização de frutas e produtos hortícolas, o que está a conduzir a preços elevados e flutuantes no consumidor e a que apenas uma pequena parte da rupia do consumidor chegue aos agricultores. A comercialização de produtos hortícolas é complexa, especialmente devido à sua perecibilidade, sazonalidade e volume. O estudo procura examinar diferentes aspectos da sua comercialização, centrando-se, em especial, nos mercados grossistas de frutas e produtos hortícolas que foram criados para colmatar deficiências e melhorar a eficiência da comercialização. Os resultados indicam que, em Ahmadabad, o contacto direto entre os comissionistas e os agricultores é muito reduzido. No caso dos produtos hortícolas, este contacto é de 50% e no caso dos frutos de apenas 31%. Além disso, no sistema de transação, predominam as licitações secretas e as transacções simples, sendo os leilões abertos relativamente raros. No KFWVM, em Chennai, os grossistas actuam como comissionistas e recebem as remessas diretamente dos centros de produção através de agentes ou produtores. De um modo geral, o sistema de transação continua a ser tradicional e os leilões abertos são raros. Esta é uma das principais razões para a fraca eficiência. No entanto, no pequeno mercado de AUS em Chennai, os agricultores vendem diretamente aos consumidores. A participação dos agricultores na renda do consumidor em Ahmedabad foi de 41,1 a 69,3% para os legumes e de 25,5 a 53,2% para as frutas. No KFWVM de Chennai, a quota dos agricultores era de 40,4 a 61,4% para os produtos hortícolas e de 40,7 a 67,6% para as frutas. No pequeno mercado AUS em Chennai, onde os agricultores vendem diretamente aos consumidores, a quota dos agricultores era de 85 a 95,4% para os legumes. Isto indica que, se houver poucos ou nenhuns intermediários, a quota dos agricultores pode ser muito mais elevada. No mercado de Calcutá, a quota dos agricultores variava entre 45,9 e 60,94% para os legumes e entre 55,8 e 82,3% para as frutas. Assim, as quotas são frequentemente muito baixas, mas um pouco melhores em Chennai, mais baixas em Calcutá e ainda mais baixas em Ahmedabad. A margem em percentagem da diferença de preços no consumidor do agricultor (uma medida de eficiência) mostra que, em Ahmedabad, as margens são muito elevadas e variam entre 69 e 94%. Em Chennai, as margens variam entre 15 e 69%, e em Calcutá entre 46 e 73%. A elevada percentagem de margem em relação à diferença de preços entre o agricultor e o consumidor é indicativa de grandes ineficiências e de uma eficiência de comercialização relativamente fraca. Há uma grande necessidade de melhorar a comercialização de frutas e produtos hortícolas. Uma medida importante seria colocar mais mercados sob a regulação e supervisão de um comité de mercado bem representado. Outra medida seria a promoção e talvez a aplicação de leilões abertos nos mercados. Ainda outra medida poderia ser o esforço para trazer mais compradores e vendedores para os mercados, aproximando-os de mercados perfeitos. A participação direta dos agricultores deve ser aumentada. As infra-estruturas do mercado devem ser melhoradas através de instalações de armazenamento (go-down), armazéns frigoríficos, instalações de carregamento e pesagem. A melhoria da rede rodoviária e as instalações da cadeia de frio são também de grande importância. Uma maior transparência das operações através de sistemas de controlo e de supervisão pode igualmente contribuir de forma significativa. A integração e a eficiência do mercado podem também ser melhoradas através da disponibilização a todos os participantes de informações actualizadas sobre o mercado por vários meios, incluindo um bom sistema de informação sobre o mercado, a Internet e boas instalações de telecomunicações nos mercados.

A literatura disponível sobre horticultura centra-se na comercialização, na produção, sobretudo na linha da diversificação e na política. Há estudos que captam o processo de diversificação na horticultura.

CAPÍTULO 4

ANÁLISE E DISCUSSÃO

Neste capítulo são apresentados os dados relevantes para o tema em estudo. Os dados são analisados e são tiradas conclusões. Espera-se que este capítulo apresente as tendências em matéria de superfície, produção e exportação de culturas hortícolas na Índia desde 1991-92. Este capítulo analisa igualmente as tendências nacionais em matéria de superfície e produção de culturas hortícolas na Índia.

4.1 EVOLUÇÃO DA SUPERFÍCIE CULTIVADA COM CULTURAS HORTÍCOLAS

4.1.1 Área cultivada com culturas hortícolas na Índia

Os dados sobre a área cultivada com culturas hortícolas na Índia entre 1991-92 e 2009-10 são apresentados no Quadro 4.1. O quadro apresenta igualmente a taxa de crescimento anual.

A taxa de crescimento da área cultivada com culturas hortícolas mostra que a maioria dos anos em estudo regista uma taxa de crescimento positiva. Durante os primeiros 10 anos (1991-92 a 2000-01), a taxa de crescimento variou entre 0 e 5,1, sendo a taxa média de crescimento anual de 2,7. A taxa de crescimento da área cultivada com culturas hortícolas registou grandes flutuações. Chegou a atingir 18% em 2003-04 e a -11,4% (negativo) em 2005-06. No entanto, é de notar que a área cultivada com culturas hortícolas aumentou durante o período de estudo. Em 2000-01, era de apenas 12,8 milhões de hectares e, em 2009-10, subiu para 20,9 milhões de hectares. Exceto em 2004-05, a área cultivada com culturas hortícolas tem aumentado continuamente.

QUADRO 4.1
ÁREA CULTIVADA COM CULTURAS HORTÍCOLAS E RESPECTIVA TAXA DE CRESCIMENTO NA ÍNDIA DE 1991 A 2009-10

ANO	ÁREA (em milhões de hectares)	Taxa de crescimento da área
1991-92	12.8	-
1992-93	12.9	1.7
1993-94	13.1	6
1994-95	13.1	0
1995-96	13.7	5
1996-97	14.4	5.1
1997-98	14.8	3
1998-99	15.1	2
1999-00	15.3	1.3

2000-01	15.7	3
2001-02	16.6	6
2002-03	16.3	-2
2003-04	19.2	18
2004-05	21.1	10
2005-06	18.7	-11.4
2006-07	19.4	4
2007-08	20.2	4.1
2008-09	20.7	2.4
2009-10	20.9	1

Fonte: Conselho Nacional de Horticultura, Ministério da Agricultura, Governo da Índia

4.1.2 Área cultivada com culturas hortícolas: Cultura

Nesta secção, são analisadas as tendências da área cultivada com culturas hortícolas seleccionadas na Índia. Os dados com a taxa de crescimento de culturas seleccionadas, nomeadamente frutos, produtos hortícolas, plantações e especiarias, são apresentados no Quadro 4.2.

No que respeita aos frutos, a área cultivada com frutos aumentou durante o período de estudo. A taxa de crescimento da área cultivada com frutos registou apenas uma taxa de crescimento lenta com flutuações após 1992-93 (que registou uma taxa de crescimento de 12%). Mas, após 2000-01, a taxa de crescimento aumentou, exceto durante o ano 2002-03. A taxa de crescimento diminuiu a partir de 2003-04. A taxa de crescimento situou-se em 4,0 por cento durante o período final do estudo. Pode inferir-se que a taxa de crescimento da área cultivada com frutos registou flutuações durante o período de estudo. No entanto, o crescimento foi lento durante a primeira metade do período de estudo e um pouco mais rápido na metade seguinte. A área cultivada com frutas aumentou de 2874 mil hectares em 1991-92 para 6329 mil hectares em 2009-10.

No que respeita aos produtos hortícolas, pode observar-se no quadro que a área cultivada com produtos hortícolas era de 5393 mil hectares durante os primeiros anos do estudo, ou seja, 1991-92. A partir de 1994-95 e até 2003-04, registou uma taxa de crescimento lenta. Mas, após esse período, a taxa de crescimento foi positiva. Pode concluir-se que a área cultivada com produtos hortícolas, embora tenha registado uma taxa de crescimento lenta e negativa em alguns anos de estudo, em termos de valores absolutos aumentou durante o período de estudo. A área cultivada com produtos hortícolas era de 5393 mil hectares em 1991-92 e era de 7985 mil hectares em 2009-10.

No que diz respeito às culturas de plantação, é de notar que a taxa de crescimento foi positiva e considerável até 2005-06 (excluindo 2002-03). Em seguida, registou uma taxa negativa em 2006-07 e 2007-08. Nos dois últimos anos do estudo, registou uma recuperação. De um modo geral, pode afirmar-se que a área de plantação aumentou em números absolutos de 2298 mil hectares em 1991-92 para 3265 mil hectares em 2009-10. No entanto, a taxa de crescimento tem sido lenta.

QUADRO 4.2
ÁREA CULTIVADA COM CULTURAS HORTÍCOLAS: TAXA DE CRESCIMENTO POR CULTURA NA ÍNDIA DE 1991-92 A 2009-10

(Área em 000' hec)

ANO	PELÚCULAS	VEGETAIS	CULTURAS DE PLANTAÇÃO	ESPECIARIAS
1991-92	2874	5593	2298	2005
1992-93	3206 (12)	5045 (-9.87)	2337 (2)	2315 (13.4)
1993-94	3184 (-1)	4876 (-3.3)	2448 (5)	2472 (6.3)
1994-95	3246 (2)	5013 (3)	2546 (4)	2215 (-12)
1995-96	3357 (3.4)	5335 (3)	2733 (7.3)	2216 (0.05)
1996-97	3580 (7)	5515 (3.4)	2824 (3.3)	2372 (7.04)
1997-98	3702 (3.4)	5607 (2)	2847 (1)	2524 (6)
1998-99	3729 (1)	5873 (5)	2905 (2)	2531 (0.27)
1999-00	3797 (2)	5191 (-12)	2753 (5.2)	2500 (-1.2)
2000-01	3869 (2)	6250 (20.4)	2862 (4)	3200 (22)
2001-02	4010 (4)	6156 (-1.5)	2984 (4)	3220 (1)
2002-03	3788 (-6)	6092 (-1)	2584 (0)	3220 (0)
2003-04	4661 (23)	6082 (-0.2)	3102 (4)	5755 (78.73)
2004-05	5049	6744	3147	5909

	(8.3)	(11)	(4)	(2.68)
2005-06	5324 (5.4)	7213 (7)	3283 (4.3)	2366 (-59.96)
2006-07	5554 (4.3)	7579 (7)	3207 (-2.3)	2448 (3.3)
2007-08	5857 (5.4)	7849 (4.0)	3190 (-1)	2617 (6.4)
2008-09	6101 (4.2)	7976 (1.6)	3217 (1)	2629 (0.4)
2009-10	6329 (4.0)	7985 (0.1)	3265 (1.4)	2464 (-7)

Fonte: Conselho Nacional de Horticultura, Ministério da Agricultura, Governo da Índia

Os valores entre parêntesis são taxas de crescimento.

Pode observar-se no quadro que a área cultivada com especiarias era de 2005 mil hectares em 1991-92. Registou uma taxa de crescimento considerável até 1997-98. Recuperou em 2000-01 e em 2003-04 a taxa de crescimento foi de 3,8 por cento. Mas, depois disso, com uma pequena flutuação, a área cultivada com produtos hortícolas foi diminuindo. A taxa de crescimento da área cultivada com especiarias registou uma queda acentuada de 78,7% em 2003-04. Pode afirmar-se que a área cultivada com especiarias aumentou durante o período de estudo em termos absolutos, tendo registado valores negativos em alguns períodos. Nos últimos seis anos do período de estudo, está a diminuir.

4.1.3 Área cultivada com culturas hortícolas na Índia: Estado

Seria interessante conhecer a quota-parte dos Estados na área cultivada com culturas hortícolas na Índia. Para o efeito, considera-se um período de tempo, os dados do ano recente de 2008-09. O quadro 4.3 apresenta a área de culturas hortícolas por Estado (na Índia) durante o ano de 2008-09.

Em primeiro lugar, é de notar que a percentagem da área cultivada com culturas hortícolas em relação à área total cultivada com culturas hortícolas na Índia é mais elevada no Estado de Maharashtra (10,67%). Segue-se Andhra Pradesh (9,27 %), Kerala (8,65 %), Karnataka (8,29 %), Bengala Ocidental (8,2 %), Uttar Pradesh (7,45 %), Orissa (6,29 %), Tamilnadu (6,24 %), Bihar (5,47 %) e Gujarat (5,09 %). Os outros Estados notáveis no que respeita à sua quota-parte na superfície total de culturas hortícolas são o Rajastão, o Madhya Pradesh, o Assam e o Chattisgarh. A percentagem dos outros Estados é inferior a 2%.

Pode concluir-se que o Estado líder no que respeita à sua quota-parte na área cultivada com culturas hortícolas na Índia é Maharashtra. Os Estados que se seguem são Andhra Pradesh, Kerala, Karnataka, Bengala Ocidental, Uttar Pradesh, Orissa, Tamilnadu, Bihar e Gujarat. A quota-parte dos Estados do

Nordeste e dos territórios da União é, de um modo geral, inferior. Este facto pode dever-se à sua área geográfica limitada e às condições agro-climáticas.

QUADRO 4.3

SUPERFÍCIE DE CULTURAS HORTÍCOLAS POR ESTADO NA ÍNDIA EM 2008-2009

(Área em "000 hectares)

Estado	Área	Percentagem
Andamão e Nicobar	34.35	0.17
Andhra Pradesh	1915.75	9.27
Pradesh do Arunachal	92.83	0.45
Assam	479.59	2.32
Bihar	1129.06	5.47
Chandigarh	0.2	0.001
Chattisgarh	439.73	2.13
D & N Haveli	2.81	0.01
Damão e Diu	0.18	0.001
Delhi	41.63	0.2
Goa	100.64	0.49
Gujarat	1050.67	5.09
Haryana	347.67	1.68
Himachal Pradesh	284.11	1.38
Jammu e Caxemira	372.72	1.8
Jharkhand	315.8	1.53
Karnataka	1712.8	8.29
Kerala	1786.6	8.65
Lakshadweep	3.5	0.02
Madhya Pradesh	606.12	2.93
Maharashtra	2204.25	10.67
Manipur	68	0.33
Meghalaya	106.18	0.51
Mizoram	79.02	0.38
Nagaland	36.88	0.18

Orissa	1300.11	6.29
Pondicherry	14.31	0.07
Punjab	252.5	1.22
Rajastão	953.1	4.61
Sikkim	58.72	0.28
Tamilnadu	1288.9	6.24
Tripura	75.27	0.36
Uttar Pradesh	1539.26	7.45
Uttrakhand	274.92	1.33
Bengala Ocidental	1694.8	8.2
TOTAL	**20661.6**	100.00

Fonte: Conselho Nacional de Horticultura, Ministério da Agricultura, Governo da Índia

4.2 TENDÊNCIAS DA PRODUÇÃO DE CULTURAS HORTÍCOLAS

4.2.1 Produção de culturas hortícolas na Índia

É pertinente analisar as tendências da produção de culturas hortícolas. Para o efeito, é calculada uma taxa de crescimento anual. Os dados sobre a produção de culturas hortícolas e a sua taxa de crescimento são apresentados no quadro 4.4.

Em primeiro lugar, é de referir que a produção de culturas hortícolas foi de 96,6 milhões de toneladas em 1991-92. A sua taxa de crescimento no ano seguinte foi de 12%, tendo diminuído para 7,7% em 1993-93. O ano de 1994-95 registou um novo declínio para 3,3%. No entanto, voltou a registar um aumento de 6% em 1995-96. Desde então, verificou-se um abrandamento da taxa de crescimento da produção, exceto em 1998-99 (que registou a taxa de crescimento mais elevada de 14%) até 2002-03. No entanto, a partir de 2003-04, a taxa de crescimento aumentou, evidentemente com as mesmas flutuações. Foi de 11,4 por cento em 2004-05 e de 10,1 por cento em 2007-08. A taxa de crescimento situou-se em 4% durante o ano de 2009-10.

Pode concluir-se que a taxa de crescimento da produção foi positiva ao longo de todo o período de estudo, exceto em 2001-02 e 2002-03, com flutuações, evidentemente, no meio. De um modo geral, a produção de culturas hortícolas aumentou ao longo do tempo na Índia durante o período de estudo. Era de 96,6 milhões de toneladas em 1991-92 e mais do que duplicou no período final do estudo (223,1 milhões de toneladas em 2009-10).

QUADRO 4.4

PRODUÇÃO DE CULTURAS HORTÍCOLAS E SUA TAXA DE CRESCIMENTO NA ÍNDIA DE 1991-92 A 2009-10

Ano	Produção (em milhões de toneladas)	Taxa de crescimento da produção
1991-92	96.6	-
1992-93	107.4	12
1993-94	114.6	7
1994-95	118.4	3.3
1995-96	125.5	6
1996-97	128.5	2.3
1997-98	128.6	0.1
1998-99	146.2	14
1999-00	149.2	2.05
2000-01	152.5	2.2
2001-02	145.8	-4.3
2002-03	144.4	-1
2003-04	153.3	6.1
2004-05	170.8	11.4
2005-06	182.8	7.1
2006-07	191.8	5
2007-08	211.2	10.1
2008-09	214.7	2
2009-10	223.1	4

Fonte: Conselho Nacional de Horticultura, Ministério da Agricultura, Governo da Índia

4.2.2 Produção de culturas hortícolas na Índia: Seleção de culturas

Os dados sobre a produção de culturas hortícolas seleccionadas na Índia para o período, juntamente com a taxa de crescimento, são apresentados no Quadro 4.5.

Pode observar-se no quadro que a produção de frutos foi de 28632 mil toneladas em 1991-92. A taxa de crescimento da produção de frutos foi notável até 1995-96 (4 por cento a 15 por cento). No ano de 1996-97, a taxa de crescimento diminuiu para -3%. Registou um aumento em 1997-98 e manteve um crescimento positivo até 1999-2000. Nos anos 2000-01 e 2001-02, a taxa de crescimento foi negativa, com -5,1 e -0,3, respetivamente. A partir de 2002-03, a taxa de crescimento foi positiva e notável. Pode concluir-se que a produção de frutos na Índia foi de 28632 mil toneladas em 1991-92 e aumentou

29

quase duas vezes e meia, atingindo 71516 mil toneladas em 200910.

QUADRO 4.5

TAXA DE CRESCIMENTO DA PRODUÇÃO DE CULTURAS HORTÍCOLAS NA ÍNDIA DE 1991-92 A 2009-10

(Produção em milhares de toneladas)

ANO	PELÚCULAS	VEGETAIS	PLANTAÇÃO	ESPECIARIAS
1991-92	28632 (-)	58532 (-)	7498 (-)	1900 (-)
1992-93	32955 (15)	63806 (9.1)	8347 (11.3)	2291 (21)
1993-94	37255 (13)	65787 (3.1)	8666 (6.2)	2515 (9.78)
1994-95	38603 (4)	67286. (3)	9763 (10.1)	2477 (1.51)
1995-96	41507 (8)	71594 (6.4)	9360 (-1.4)	2410 (-3)
1996-97	40458 (-3)	75074 (5)	9730 (1)	2805 (16)
1997-98	43263 (7)	72683 (-3.2)	9449 (-3)	2801 (-0.1)
1998-99	44042 (2)	87536 (20.4)	11063 (17)	3091 (10.3)
1999-00	45496 (3.3)	90823 (4)	9204 (-17)	3023 (-2.1)
2000-01	43138 (-5.1)	93849 (3.3)	9458 (3)	3023 (0)
2001-02	43001 (-0.3)	88622 (-6)	9697 (3)	3765 (25.4)
2002-03	45203 (5.1)	84815 (-4.2)	9697 (0)	3765 (0)
2003-04	45942 (3)	88334 (4.1)	13161 (36)	5113 (36)

2004-05	50867	101246	9835	8051
	(11)	(15)	(-25.2)	(57.5)
2005-06	55366	111399	11263	3705
	(9)	(10)	(15)	(-54)
2006-07	59563	114993	12007	3953
	(8)	(3.2)	(7)	(7)
2007-08	655557	128449	11300	4357
	(10.1)	(12)	(-6)	(10.2)
2008-09	68466	129077	11336	4145
	(4.3)	(0.4)	(0.3)	(-5)
2009-10	71516	133738	11928	4016
	(4.4)	(4)	(5.2)	(-3.12)

Fonte: Fundação para a Investigação Económica e Política Semanal, 2011

Os valores entre parêntesis são taxas de crescimento.

No entanto, a taxa de crescimento foi flutuante e, especialmente nos anos intermédios do período de estudo, apresentou uma taxa de crescimento negativa.

Os dados relativos à produção de produtos hortícolas podem ser consultados no quadro. Em primeiro lugar, é de notar que a produção de produtos hortícolas (em milhares de toneladas) aumentou de 58532 mil toneladas em 1991-92 para 133738 mil toneladas em 2009-10, registando assim um aumento de 2,28 vezes num período de 19 anos. A taxa de crescimento da produção atingiu 20,4 por cento em 2002-03. Tal como no caso das frutas, a taxa de crescimento dos produtos hortícolas foi lenta nos anos 2001-02 e 2002-03. No entanto, a taxa de crescimento da produção recuperou e foi considerável nos restantes anos.

Pode concluir-se que, com exceção de alguns anos, a produção de produtos hortícolas registou um crescimento positivo com flutuações. A produção de produtos hortícolas foi de 58532 mil toneladas em 1991-92 e aumentou 2,28 vezes para 133738 mil toneladas em 2009-10.

No que respeita às culturas de plantação, pode observar-se no quadro que a quantidade de produção de culturas de plantação era de 7498 mil toneladas em 1991-92 e aumentou para 11063 mil toneladas em 2009-10, registando um aumento de mais de uma vez e meia em 19 anos. A taxa de crescimento da produção aumentou nos três primeiros anos do período de estudo, mas estagnou até 2004-05, exceto em 2003-04. Depois, a taxa de crescimento registou e manteve-se em 5,2 durante o período final do estudo, 2009-10.

Pode concluir-se que a taxa de crescimento da quantidade da produção registou flutuações. Mas, de um modo geral, a produção de culturas de plantação aumentou de 7498 mil toneladas em 199192 para 11928 mil toneladas em 2009-10 (aumento de 1,6 vezes).

O quadro 4.5 apresenta dados sobre a quantidade de produção de especiarias na Índia e a sua taxa de crescimento durante o período de estudo. Pode observar-se no quadro que a produção de especiarias era de 1900 mil toneladas em 1991-92 e aumentou para 3091 mil toneladas em 1998-99. Entretanto, registou-se um aumento notável para 5113 mil toneladas em 2003-04 e para 8051 mil toneladas em 2004-05. Mas, nos dois anos seguintes, diminuiu e, em 2007-08, recuperou. Em 2009-10, situou-se em 4016 mil toneladas. No entanto, pode observar-se que, nos últimos cinco anos do estudo, a produção de especiarias mostra uma tendência decrescente. Pode concluir-se que a produção de especiarias era de 1900 mil toneladas em 1991-92 e atingiu 4016 mil toneladas em 2009-10 (mais do dobro). A produção de especiarias foi elevada durante os anos 2003-04 e 2004-05. Mas, nos anos seguintes, registou uma tendência decrescente.

4.2.3 Produção de culturas hortícolas por Estado

Seria interessante saber que Estados são os principais produtores de produtos hortícolas. Para responder a esta questão, os dados recolhidos são tabulados no quadro 4.6. O quadro apresenta dados sobre a quantidade de produção de culturas hortícolas por Estado para o período 2008-09. Também fornece dados sobre a quota-parte percentual de cada Estado na produção total de culturas hortícolas na Índia.

É de notar que o principal produtor de culturas hortícolas é Bengala Ocidental (12,11% do total). Seguem-se Uttar Pradesh (10,99 %), Tamilnadu (9,73 %), Andhra Pradesh (8,84 %), Maharastra (8,30 %), Bihar (7,98 %), Karnataka (6,97 %) e Gujarat (6,15 %). Os outros produtores notáveis são Orissa, Kerala, Madhya Pradesh, Punjab e Assam. A quota-parte dos outros Estados é inferior a 2 por cento.

Pode concluir-se que o principal produtor de culturas hortícolas na Índia é Bengala Ocidental. Os outros principais intervenientes são Uttar Pradesh, Tamilnadu, Andhra Pradesh, Maharashtra, Bihar, Karnataka e Gujarat, tal como acontece com a área cultivada com produtos hortícolas, também no caso da produção a maior parte dos Estados do nordeste e dos territórios da União registam uma parte inferior.

QUADRO 4.6

**PRODUÇÃO ESTATAL DE CULTURAS HORTÍCOLAS NA ÍNDIA DURANTE O ANO
2008-2009**

(Produção em milhares de toneladas)

Estado	Produção	Percentagem

Andamão e Nicobar	120.72	0.06
Andra Pradesh	18987.15	8.84
Pradesh do Arunachal	261.44	0.12
Assam	4679.31	2.18
Bihar	17123.23	7.98
Chandigarh	2.80	0.001
Chattisgarh	4086.37	1.90
D & N Haveli	24.18	0.01
Damão e Diu	0.23	0.0001
Delhi	624.09	0.29
Goa	266.48	0.12
Gujarat	13204.64	6.15
Haryana	4245.66	1.98
Himachal Pradesh	1919.57	0.89
Jammu e Caxemira	2715.35	1.27
Jharkhand	4055.00	1.89
Karnataka	14967.00	6.97
Kerala	10274.90	4.79
Lakshadweep	51.84	0.02
Madhya Pradesh	6862.62	3.20
Maharashtra	17827.82	8.30
Manipur	524.01	0.24
Meghalaya	797.61	0.37
Mizoram	330.59	0.15
Nagaland	269.66	0.13
Orissa	10506.93	4.89
Pondicherry	131.76	0.06
Punjab	4720.00	2.20
Rajastão	1804.89	0.84
Sikkim	155.44	0.07
Tamilnadu	20880.10	9.73
Tripura	796.90	0.37
Uttar PRADESH	23601.40	10.99
Uttrakhand	1832.79	0.85
Bengala Ocidental	25997.80	12.11

| TOTAL | 214715.90 | 100.00 |

Fonte: Conselho Nacional de Horticultura, Ministério da Agricultura, Governo da Índia

4.3 TENDÊNCIAS DA PRODUTIVIDADE DAS CULTURAS HORTÍCOLAS

A produção por hectare de superfície terrestre é a medida da eficiência de compreensão de qualquer cultura. Assim, nesta secção, analisa-se a produtividade das culturas hortícolas na Índia.

4.3.1 Produtividade das culturas hortícolas na Índia

O quadro 4.7 apresenta pormenores sobre a produtividade por hectare das culturas hortícolas durante o período de estudo.

É de notar que a produtividade das culturas hortícolas foi de 7,5 toneladas métricas por hectare em 1991-92. A taxa de crescimento aumentou até 1995-96 e registou uma taxa negativa em 1996-97 e 1997-98. Em seguida, registou-se um aumento no ano de 1998-99. Durante os anos de 2000-01 a 2003-04, registou uma taxa negativa, exceto em 2008-09. Desde então, registou uma taxa de crescimento positiva, exceto em 2008-09. Em 2009-10, situou-se em 10,7.

Pode concluir-se que a taxa de crescimento da produtividade das culturas hortícolas na Índia registou uma tendência flutuante. Até à primeira metade do período de estudo, registou-se uma tendência quase crescente. Os dados relativos à produtividade para os anos de 2000-01 a 2003-04 revelaram uma tendência lenta. No entanto, de um modo geral, a produtividade das culturas hortícolas aumentou de 7,5 toneladas métricas por hectare em 1991-92 para 10,7 toneladas métricas por hectare em 2009-10.

QUADRO 4.7

PRODUTIVIDADE DAS CULTURAS HORTÍCOLAS E SUA TAXA DE CRESCIMENTO NA ÍNDIA DE 1991-92 A 2009-10

Ano	Produtividade (em MT/hect)	Taxa de crescimento da produtividade
1991-92	7.5	-
1992-93	8.3	11
1993-94	8.8	6.1
1994-95	9.0	2.2
1995-96	9.2	2.2
1996-97	8.9	-3.2
1997-98	8.7	-2.2
1998-99	9.7	11.4
1999-00	9.8	1

2000-01	9.7	-1
2001-02	8.8	-9.3
2002-03	8.9	1.1
2003-04	8.0	-10.1
2004-05	8.1	1.25
2005-06	9.8	21
2006-07	9.9	1
2007-08	10.5	6.1
2008-09	10.4	-1
2009-10	10.7	3

Fonte: Conselho Nacional de Horticultura, Ministério da Agricultura, Governo da Índia

4.3.2 Produção de culturas hortícolas seleccionadas em função das culturas

Nesta secção, são analisadas as tendências de produtividade de culturas hortícolas seleccionadas, nomeadamente frutas, legumes, plantações e especiarias. Os pormenores sobre a produtividade e a sua taxa de crescimento são apresentados no Quadro 4.8.

O quadro mostra que a produtividade por hectare de frutos foi de 10 toneladas métricas por hectare em 1991-92. Apresentou uma tendência crescente com flutuações até 1999-2000. Em seguida, diminuiu um pouco nos dois anos seguintes. Recuperou no ano 2002-03. Desceu em 2003-04 e ganhou nos anos seguintes.

Pode concluir-se que a produção de frutos (toneladas métricas por hectare) registou um aumento, embora não constante, durante o período de estudo. A produtividade dos frutos era de 10 toneladas métricas por hectare em 1991-92 e era de 11,3 toneladas métricas por hectare em 2009-10.

No que se refere aos produtos hortícolas, a produtividade registou uma tendência crescente (embora com uma queda intermédia) entre 1991-92 e 1999-2000. Registou um declínio entre 2000-01 e 2002-03. Depois recuperou e, naturalmente, com flutuações, registou uma tendência crescente. Pode concluir-se que a produtividade por hectare de frutos na Índia apresentou uma tendência crescente ao longo dos anos, exceto em alguns anos a meio do período de estudo. A produtividade dos produtos hortícolas era de 10,5 toneladas métricas por hectare e aumentou para 16,7 (sempre elevada) no final do período de estudo, 2009-10.

No que respeita à produtividade das plantações, os dados não revelam qualquer aumento significativo durante o período de estudo. No entanto, em 2003-2004, a produtividade foi de 4,2 toneladas métricas por hectare. Pode concluir-se que a produtividade das plantações não registou qualquer tendência significativa para aumentar. Em alguns anos, manteve-se estagnada. A produtividade foi de 3,3 toneladas métricas por hectare em 1991-92 e de 3,7 toneladas métricas por hectare em 2009-10.

Os dados relativos às especiarias podem também ser consultados no quadro 4.8. A produtividade das especiarias foi de 1 tonelada métrica por hectare em 1991-92 e de 1,2 toneladas métricas por hectare em 1997-98, tendo permanecido inalterada durante os anos consecutivos. Desde

QUADRO 4.8

PRODUTIVIDADE DE CULTURAS HORTÍCOLAS SELECCIONADAS NA ÍNDIA DE 1991-92 A 2009-10

(Produtividade em M.T/HEC)

ANO	PELÚCULAS	VEGETA	PLANO	ESPECIARIAS
1991-92	10 (-)	10.5 (-)	3.3 (-)	1 (-)
1992-93	10.3 (3)	12.6 (20)	3.6 (9.1)	1 (0)
1993-94	11.7 (14)	13.5 (7.14)	3.6 (0)	1.1 (10)
1994-95	11.9 (12)	13.4 (-0.74)	3.8 (6)	1.1 (0)
1995-96	12.4 (4.2)	13.4 (0)	3.5 (-8)	1.2 (9.1)
1996-97	11.3 (-9)	13.6 (1.5)	3.4 (-3)	1.1 (-8.3)
1997-98	11.7 (4)	13.0 (-4.41)	3.3 (-3)	1.2 (9.1)
1998-99	11.8 (0.85)	14.9 (15)	3.8 (16)	1.2 (0)
1999-00	12.0 (2)	15.2 (2.01)	3.3 (-13.1)	1.2 (0)
2000-01	11.1 (-8)	15.0 (-1.31)	3.3 (0)	1.2 (0)
2001-2002	10.7 (-4)	14.4 (-4	3.3 (0)	1.2 (0)

Ano				
2002-03	11.9 (11.2)	13.9 (-3.4)	3.3 (0)	1 (-170
2003-04	9.9 (-17)	14.5 (4.3)	4.2 (27.2)	1.4 (40)
2004-05	10.1 (32.02)	15.0 (3.4)	3.1 (-26.1)	1.6 (14.2)
2005-06	10.4 (3)	15.4 (2.6)	3.4 (10)	1.6 (0)
2006-07	10.7 (3)	15.2 (-1.2)	3.7 (9)	1.7 (6.3)
2007-08	11.2 (5)	15.9 (5)	3.9 (5.4)	1.1 (-35.2)
2008-09	11.2 (0)	16.2 (2)	3.5 (-10.2)	1.6 (45.4)
2009-10	11.3 (0.8)	16.7 (3.1)	3.7 (6)	1.6 (0)

Fonte: Conselho Nacional de Horticultura, Ministério da Agricultura, Governo da Índia

Os valores entre parêntesis correspondem à taxa de crescimento.

Em 2003-04, aumentou ligeiramente para 1,4 toneladas métricas por hectare e para 1,7 toneladas métricas por hectare em 2006-07. Em 2009-10, situou-se em 1,6 toneladas métricas por hectare.

Pode concluir-se que a produtividade das especiarias não registou uma tendência de aumento significativa e manteve-se estável nos anos intermédios do período de estudo. No entanto, a produtividade das especiarias aumentou de 1 tonelada métrica por hectare em 1991-92 para 1,6 toneladas métricas por hectare em 2009-10.

4.4 EVOLUÇÃO DAS EXPORTAÇÕES DE PRODUTOS HORTÍCOLAS

O quadro 4.9 apresenta dados pormenorizados sobre a exportação de produtos hortícolas. O quadro apresenta dados sobre a quantidade e o valor das exportações de produtos hortícolas na Índia. O quadro apresenta igualmente a taxa média de crescimento anual para quatro períodos.

QUADRO 4.9

tendências da exportação de produtos hortícolas da índia de 1991-92 a 2009-10

Ano	Quantidade de exportações (em milhares de	Média Anual Taxa de	Valor das exportações (Rs em cr)	Média Anual Taxa de

	toneladas)	crescimento		crescimento
1991-92	611	-0.5	1432.5	69.94
1995-96	606.42		6442	
1996-97	755	7.19	7047.1	6.59
2000-01	1026.42		9367.3	
2001-02	735	12.98	8544.4	9.44
2005-06	1212.1		12578	
2006-07	25837.2	7.32	4914.57	14.02
2009-10	33401.4		766962.3	

Fonte: Direção-Geral de Informação Comercial e Estatística, Governo da Índia

Pode observar-se no quadro que a taxa média de crescimento anual da quantidade exportada pela Índia foi de - 0,15 entre 1991-92 e 1995-96. No entanto, nos cinco anos seguintes (1996-97 a 2000-01), a taxa média de crescimento anual foi de 7,19 e continuou a aumentar até 2005-06. Durante os últimos quatro anos do período de estudo, a taxa média de crescimento anual foi de 7,32.

Pode concluir-se que a quantidade de exportações de produtos hortícolas registou uma tendência de declínio nos primeiros cinco anos do período de estudo. Porém, nos anos seguintes, registou uma taxa de crescimento anual média significativa. Em comparação com 1991-92, a quantidade de exportações de produtos hortícolas aumentou muitas vezes (55 vezes) durante 2009-10. Em termos de valor das exportações, a taxa de crescimento foi positiva e significativa ao longo dos quatro períodos de tempo considerados.

CAPÍTULO 5

RESUMO DOS RESULTADOS E CONCLUSÕES

Neste capítulo, os principais resultados são resumidos. No final do capítulo, são tiradas conclusões com base nesses resultados.

5.1 RESUMO DAS CONCLUSÕES

5.1.1 Tendências na área

❖ A área cultivada com culturas hortícolas aumentou durante o período de estudo. Em 2000-2001, era superior a 12,8 milhões de hectares e, em 2009-2010, passou para 20,9 milhões de hectares. Exceto em 2004-05, a área cultivada com culturas hortícolas tem aumentado continuamente.

❖ A taxa de crescimento da área cultivada com frutas mostrou flutuações durante o período de estudo. Mas o crescimento foi lento durante a primeira metade do período de estudo e foi um pouco mais rápido na metade seguinte do período de estudo. A área cultivada com frutas aumentou de 2874 mil hectares em 1991-92 para 6329 mil hectares em 2009-10.

❖ A área cultivada com produtos hortícolas, embora tenha registado uma taxa de crescimento lenta e negativa em alguns anos do estudo, em termos de valores absolutos aumentou durante o período de estudo. A área cultivada com produtos hortícolas era de 5393 mil hectares em 1991-92 e era de 7985 mil hectares em 2009-10.

❖ A área de plantação aumentou, em números absolutos, de 2298 mil hectares em 1991-92 para 3265 mil hectares em 2009-10. No entanto, a taxa de crescimento tem sido lenta.

❖ A área cultivada com especiarias aumentou durante o período de estudo, em termos absolutos, tendo registado valores negativos em alguns períodos. Nos últimos seis anos do período de estudo, está a diminuir.

❖ O Estado líder no que respeita à sua quota-parte na área cultivada com culturas hortícolas na Índia é Maharashtra. Os Estados que se seguem são Andhra Pradesh, Kerala, Karnataka, Bengala Ocidental, Uttar Pradesh, Orissa, Tamilnadu, Bihar e Gujarat. A quota-parte dos Estados do Nordeste e dos territórios da União é, de um modo geral, inferior. Este facto pode dever-se à sua área geográfica limitada e às condições agro-climáticas.

5.1.2 Tendências da produção

❖ A taxa de crescimento da produção foi positiva ao longo de todo o período de estudo, exceto em 200102 e 2002-03, com flutuações intermédias, como é óbvio. De um modo geral, a produção de culturas hortícolas aumentou ao longo do tempo na Índia durante o período de estudo. Era de 96,6 milhões de toneladas em 1991-92 e mais do que duplicou no período final do estudo (223,1 milhões de toneladas em 2009-10).

❖ A produção de frutos na Índia foi de 28632 mil toneladas em 1991-92 e aumentou quase duas vezes e meia, atingindo 71516 mil toneladas em 2009-10. No entanto, a taxa de crescimento foi flutuante e, especialmente nos anos intermédios do período de estudo, registou uma taxa de crescimento negativa.

❖ Exceto em alguns anos, a produção de produtos hortícolas apresentou um crescimento positivo com flutuações. A produção de produtos hortícolas foi de 58532 mil toneladas em 1991-92 e aumentou 2,28 vezes para 133738 mil toneladas em 2009-10.

❖ A taxa de crescimento da quantidade da produção de culturas hortícolas registou flutuações. Mas, de um modo geral, a produção de culturas de plantação aumentou de 7498 mil toneladas em 1991-92 para 11928 mil toneladas em 2009-10 (aumento de 1,6 vezes).

❖ A produção de especiarias foi de 1900 mil toneladas em 1991-92 e situou-se em 4016 mil toneladas em 2009-10 (mais do dobro). A produção de especiarias foi elevada durante os anos 2003-04 e 2004-05. Mas, nos anos seguintes, registou uma tendência decrescente.

❖ O principal produtor de culturas hortícolas na Índia é Bengala Ocidental. Os outros principais intervenientes são Uttar Pradesh, Tamilnadu, Andhra Pradesh, Maharashtra, Bihar, Karnataka e Gujarat, tal como na área cultivada com produtos hortícolas; no caso da produção, a maior parte dos Estados do nordeste e dos territórios da União registam uma quota inferior.

5.1.3 Tendências da produtividade

❖ A taxa de crescimento da produtividade das culturas hortícolas na Índia registou uma tendência flutuante. Até à primeira metade do período de estudo, registou-se uma tendência quase crescente. Os dados relativos à produtividade para os anos de 2000-01 a 2003-04 revelaram uma tendência lenta. No entanto, de um modo geral, a produtividade das culturas hortícolas aumentou de 7,5 toneladas métricas por hectare em 1991-92 para 10,7 toneladas métricas em 2009-10.

❖ A produção de frutos (toneladas métricas por hectare) registou um aumento, embora não constante, durante o período de estudo. A produtividade dos frutos era de 10 toneladas métricas por hectare em 1991-92 e era de 11,3 toneladas métricas por hectare em 2009-10.

❖ A produtividade por hectare de frutas na Índia mostrou uma tendência crescente ao longo dos anos, exceto em alguns anos a meio do período de estudo. A produtividade dos produtos hortícolas era de 10,5 toneladas métricas por hectare e aumentou para 16,7 (sempre elevada) no final do período de estudo, 2009-10.

❖ A produtividade das culturas de plantação não registou qualquer tendência significativa para aumentar. Em alguns anos, manteve-se estagnada. A produtividade foi de 3,3 toneladas métricas por hectare em 1991-92 e de 3,7 toneladas métricas por hectare em 2009-10.

❖ A produtividade das especiarias não registou uma tendência crescente significativa e manteve-se estável nos anos intermédios do período de estudo. No entanto, a produtividade das especiarias aumentou de 1 tonelada métrica por hectare em 1991-92 para 1,6 toneladas métricas por hectare em 2009-10.

5.1.4 Tendências da exportação

❖ A taxa média de crescimento anual da quantidade exportada pela Índia foi de - 0,15 no período de 1991-92 a 1995-96. No entanto, nos cinco anos seguintes (1996-97 a 2000-01), a taxa média de crescimento anual foi de 7,19 e continuou a aumentar até 2005-06. Durante os últimos quatro anos do período de estudo, a taxa média de crescimento anual foi de 7,32.

❖ A quantidade de exportações de produtos hortícolas registou uma tendência decrescente nos primeiros cinco anos do período de estudo. Mas, nos anos seguintes, registou uma taxa de crescimento anual média significativa. Em comparação com 1991-92, a quantidade de exportações de produtos hortícolas aumentou muitas vezes (55 vezes) durante 2009-10. Em termos de valor das exportações, a taxa de crescimento foi positiva e significativa ao longo dos quatro períodos de tempo considerados.

5.2 CONCLUSÃO

O estudo revela que a área cultivada com culturas hortícolas aumentou durante o período de estudo, de 1991-92 a 2009-10. No que respeita às frutas, aos produtos hortícolas e às plantações, a superfície aumentou. As especiarias registaram uma tendência crescente nos primeiros anos, mas uma tendência decrescente nos últimos seis anos do período de estudo. A quantidade da produção de culturas hortícolas mais do que duplicou durante o período de estudo. No que respeita aos frutos, a produção duplicou quase 2,5 vezes, a dos produtos hortícolas 2,28 vezes, a das plantações 1,6 vezes e a das especiarias um pouco mais do dobro. Os principais Estados da horticultura são Maharastra, Bengala Ocidental, Andhra Pradesh, Uttar Pradesh, Tamilnadu, Karnataka, Gujarat e Bihar. A produtividade das culturas hortícolas aumentou durante o período de estudo. No caso dos frutos e produtos hortícolas, esse aumento é muito significativo. O estudo revela igualmente que, em termos de quantidade, as exportações de produtos hortícolas aumentaram 55 vezes durante o período de estudo de 19 anos. Em termos de valor, a exportação de produtos hortícolas registou um crescimento fenomenal. O estudo revelou que existem variações interestatais na produção de culturas hortícolas que devem ser abordadas. Deve ser prestada especial atenção ao aumento da área cultivada e da produção de culturas hortícolas, nomeadamente nos Estados do Nordeste e nos Territórios da União da Índia.

BIBLIOGRAFIA

Acharya (2003) Crop Diversification in Indian Agriculture, *Agricultural Situation in India,* Vol. LX, No.5, agosto de 2003, Nova Deli.

Birthal P.S, P.K Joshi, D Roy e A Thorat (2007) Diversification in Indian Agriculture towards High value crops: The Role of Smallholders, IFPRI Discussion Paper No. 727, IFPRI Washington D.C. http://www,ifuri.orglpubsidp/ifpridpOO727.asp

Chand (2006) Farm Income in India: Past, Present and Future, In Macro-Economic Policy, Agricultural Development and Rural Institutions, National Conference, 09-10 April, ISEC, Bangalore.

Das. P (2002) Cropping Pattern (Agricultural and Horticultural) in Different Zones, their Aaverage Yields in Comparison to National Average/ Critical Gaps/Reasons Identified and Yield Potential. http://www.agricoop.nic.in/farm%zopdf10504-0.pdf

Dhanasekaran. K (2011) Efeito do ácido húmico e do zinco na qualidade e no rendimento do tomate, *Green Farming,* Vol.2, No.2, março-abril, pp. 185-187

Evenson e M.W Rosegrant (1999) Agricultural Research and Productivity Growth in India, Research Report 109, Washington DC, IFPRl.

GoI (2001) Horticulture Development, Documento de trabalho.

GoI (2005) Reforms in Raising Farm Income, Summary Report, 9-10 de abril.

Governo da Índia (2005) *Agricultural Statistics at a Glance,* 2005, Ministério da Agricultura, Nova Deli.

Heady E.O (1952) Diversification in Resource Allocation and Minimization of Income Variability, *Journal of Farm Economics,* Vol. 34, No.4, pp. 482-496. httD://agecon.uwyo. edulRi skMgtlPrnduetionRi sklPRODUCTIONDEF AUL T.htm

Imminck D.C e J.A Alarcon (1993) Household Income, Food Availability, and Commercial Crop Production by Smallholder Farmers in the Western Highlands of Gautemala, *Economic Development and Cultural Change,* Vol.41 , No.2, pp. 319-342

ohnson J.B., and G W Brester (2001) Economic Consideration of Expanding Crop Rotations, Briefing, Paper No.5, Agricultural Marketing Policy Centre, Montana State University.

Joshi (2005) *Crop Diversification in India: Nature, Pattern and Drivers,* National Centre for Agricultural Economics and Policy Research, Nova Deli.

Katinka Weinberger e Thomas A. Lumpkin (2007) Diversification into Horticulture and Poverty

Reduction: A Research Agenda.

Krunal, Gulkari B.M, Patel e Badha D.K (2011) Attitude of Beneficiaries towards National Horticulture Mission, *Green Farming,* Vol. 2, No. 6, novembro-dezembro, pp. 742-743.

Mahendra Singh e Mathur V.C (2008) Structural changes in horticulture sector in India: Retrospect and Prospect for XI five year plan, *Indian Journal of Agricultural Economics*, Vol.63, No,3, July-Sep.

Mahtab S Bamji e PVVS Murty (2011) Diversificação da agricultura para a horticultura nutricional e ambientalmente promotora numa zona de terra seca.

Munde G.R, Nainwad R.V, Gajbhiye R.P, Effects of Intercrops on Growth and Yield of Mango, *Green Farming,* Vol. 2, No. 2, março-abril, pp. 247-264.

NAAS (2001) Hi- tech horticulture in India, Policy Paper, 13, outubro

Nicholas Minot e Margaret Ngigi (2005) *Reforms for Raising Farm Income: Relatório de síntese,* 9-10 de abril,

Peter Jaeger (2008) Ghana Export Horticulture Cluster Strategic Profile Study.

Pingali, P. L. & Rosegrant, M. W (1995) Agricultural commercialization and diversification: Processes and Policies, *Food Policy,* Vol.20, No.3, 171-85. http://www.OWST06 Ghana Export Hort scoping Review Final Report.pdf.

Pope R.D., and R Prescott (1980) Diversification in Relation to Farm Size and Other Socioeconomic Characteristics, *American Journal of Agricultural Economics,* Vol. 62, No.3, August.

Pradeepkumar Metha (2009) Diversification of Horticulture Crops : A case of Himachel Pradesh. http://www.Diversification and_Horticulture_crops.pdf.

Rao J.R. (2003) Crop Diversification in India: Policies, Programmes and Perspectives, *Agricutural Situation in India,* Vol. LX, No.5, August 2003, New Delhi.

Samuelson P (1967) A General Proof that Diversification Pays, *Journal of Financial Quantitative Analysis,* Vol. 2, No.1, pp. 1-13.

Saroj P I (2011) Vegetables and Fruits Bear the Burnt of Food Crisis-Horticulture, *Indian Farming,* Vol. 61, No.7, pp. 17-21, outubro.

Shalini sehgal (2005) Study on microbiological aspects of fresh furits and vegetables (including green leaf vegetables) in and around National Capital Region (NCR).

Surabhi Mittal (2007) Can horticulture be a success story for India? *Documento de trabalho.*

Tauqueer Ahmad, H.V.L. Bathla e S.D. Sharma, Methodology Aspects and Issues related to Horticulture. http://mospi.nic.in/4cocsso-paper-ahmed.pdf

Vasanth P. Gandhi e Namboodiri, Marketing of Fruits and Vegetables in India: A Study Covering the Ahmedabad, Chennai and Kolkata Markets.

Banco Mundial (1988) Diversification in Rural Asia, *Working paper Series* No. \18, Agriculture and Rural Development Department, The World Bank, Washington DC, USA.

SÍTIOS WEB

http://isec.ac.in.Thesis%20 new/Diversification and horticulture-crops.pdf.

http://mospi.nic.in/4cocsso-paper-ahmed.pdf

http://nhbtgov.in/about.html.with/bordbia.ie/

/Horicultureprofile/ sector%20profile%20.

http://Planning Commissio.nic.in/aboutus/committee//horticulture .pdf

http://planning commission .nic.in/about us/committee/ wrkgrp/horticulture.pdf

http://www .tanhoda.gov.in.NHM-delhi.htm

http://www.ifuri.orglpubsidp/ifpridpOO727.asp

http://www.adb.org/DocumentsIReportsiConsultantffAR-IND-4066/Agricultureijoshi.pdf

http://www.agricoop.nic.in/farm%zopdf10504-0.pdf

http://www.Diversification and horticultural _crops.pdf

http://www.fao.org/giews/french/bassed docs/gha/ghaadam if.htm

http://www.iimahd.emet.in/publication/data/2004-06-09vpgandhi.pdf

http://www.india.org/linkfiles/food estudo de segurança microbilógica_aspcets_fresh_ Comercialização de frutos e produtos hortícolas

http://www/nabard/Hi-Tech%20floriculture.pdf